AF305461

INSTRUCTIONS
SUR
LE JARDINÁGE,

Qui renferment en abrégé ce qui a rapport à la culture des Fleurs, des Fruits & des Légumes ; la maniere de planter & de tailler les Arbres fruitiers, suivant la différence des climats & des saisons, & la conduite que l'on doit observer pendant les douze mois de l'année pour les amener à leur perfection,

Par M. Jean-George WENCKELER, *dit* EQUER.

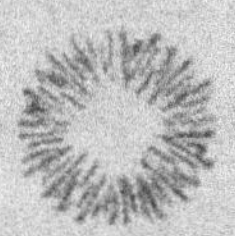

A PARIS,

Chez P. G. LE MERCIER, Imprimeur-Libraire, rue S. Jacques, au Livre d'or.

———

M DCC LXVII.

Avec Approbation & Privilége du Roi.

AVERTISSEMENT.

ON peut regarder comme véritablement heureux, celui qui, dégoûté des embarras tumultueux du monde, s'est retiré à la campagne, pour y jouir des plaisirs innocens qu'elle lui fournit avec tant d'abondance. Appliqué à l'étude de la nature, il trouve dans chacune de ses productions un nouveau sujet d'étonnement & d'admiration. En la cultivant avec soin, il est surpris de cette im-

mense variété dans les présens
qu'elle lui fait. Ici des fruits de
toute espèce viennent flater
agréablement son goût ; là ses
yeux sont enchantés de l'éclat
& du coloris de mille fleurs différentes. Continuellement oc-
cupé, il ne connoît point cette
lâche oisiveté, qui est un des
plus grands obstacles au bon-
heur de l'homme. Outre cet
avantage, qui est d'un prix in-
fini, si l'on pouvoit en détermi-
ner la juste valeur, qu'il consi-
dere quelle ample récompense
lui donne la culture de son jardin, pour le dédommager des

peines légeres qu'elles lui a oc-
casionnées.

Pour vivre avec agrément
sous un toît champêtre, il faut
avoir du goût pour l'Agriculture, de l'amour pour le travail, & perfectionner ces deux
qualités par un fonds d'instruction. Ces trois choses sont nécessaires à celui qui s'est décidé
pour la vie rustique ; les deux
premieres naissent avec nous ;
mais la derniere ne s'acquiert
que par une pratique laborieuse
& assidue.

Dans ce petit ouvrage, que
je présente aux personnes qui

aiment la campagne , mon dessein est de les desennuyer en
leur enseignant la maniere de
retirer de leurs jardins tout le
profit & l'amusement qu'il est
possible d'en recueillir. Comme
cette matiere est d'une étendue
immense , j'éviterai la prolixi-
té. Ce n'est qu'un abrégé sur
l'art de cultiver que je présente
au Public. Je regarde comme
au-delà de mes forces un ouvrage qui ne laisseroit rien à
desirer sur cet article. Beaucoup d'Auteurs ont écrit sur
cette matiere , & pas un ne me
paroît avoir atteint au but , soit

par défaut d'intelligence, soit
par défaut de netteté & de pré-
cision. Je me contenterai dans
cet essai de faire part de toutes
les remarques sur l'Agriculture, que m'ont fait faire une
longue expérience & une étude
particuliere de cet art.

Depuis cinquante ans que
je m'applique à ce genre de travail, je crois y avoir acquis
quelques connoissances. Le
goût avec lequel je me suis li-
vré à cette occupation, m'a
fait étudier la nature dans ses
productions admirables.

L'Allemagne qui m'a vu

naître, la Prusse, le Dane-
marck, la France sont les Pays
qui m'ont ouvert les sources où
j'ai puisé tout ce que je peux
avoir de théorie sur cet art. Les
superbes jardins de Versailles
& des Tuileries m'ont procuré
une ample moisson de connoissances. Conduit en Bretagne en
1716 par M. le Président de
Cucé, j'ai mis en pratique avec
succès tout ce que l'expérience,
appuyée sur la théorie, peut
donner de lumieres. J'ai satis-
fait, autant qu'il a été en moi,
la plus grande partie des personnes les plus distinguées de

cette province. Résident actuellement en France, je me rends aux sollicitations de plusieurs personnes à qui j'ai fait part de ce que je pouvois savoir sur l'Agriculture. Je n'ai jamais eu intention d'écrire sur cette matiere ; ce n'est que pour me conformer à leurs desirs que j'ai fait mes efforts pour rassembler dans les bornes étroites que je me suis prescrites dans ce traité, tout ce que je crois être de quelqu'utilité à ceux qui veulent s'amuser aux travaux de la campagne. Ils y trouveront ce qu'ils doivent faire dans

leurs jardins pendant le cours
des douze mois de l'année, tant
pour la plantation que pour la
culture des arbres: j'y ai joint
mes remarques sur la maniere
de semer les légumes & sur les
saisons où on doit le faire, de
même que sur la conduite que
l'on doit tenir à l'égard des
fleurs.

Ne cherchant point à rendre
cet ouvrage volumineux, je
n'entre dans le détail que pour
ce qui concerne l'utilité. Tant
de plumes se sont déjà donné
l'essor pour nous peindre ce que
la campagne a d'agréable, que

je crois devoir passer légerement
sur ce que le sujet que je traite,
m'obligera d'en dire. Je n'ai en
vue que le Jardinier ordinaire ;
j'espere qu'il y trouvera tout
ce qu'il lui est indispensable de
savoir.

Si j'écrivois pour ceux qui
ont à soigner de vastes parter-
res, & des jardins où l'art étale
avec une pompeuse magnifi-
cence tous ses agrémens & toutes ses richesses, ce détail me
meneroit trop loin. Je me re-
streins aux objets les plus uti-
les, & je ne cherche qu'à in-
struire le Cultivateur qui vou-

droit par lui-même faire valoir son fonds. C'est à la pratique des maximes que j'établis, & au succès dont elle sera couronnée, que je laisse le soin de me mériter le suffrage des Amateurs de l'Agriculture.

INSTRUCTIONS
SUR
LE JARDINAGE.

POUR LE MOIS

DE JANVIER.

'EST dans ce mois, pour peu que le tems soit favorable, que l'on doit planter les arbres de toute espéce, tailler les vignes, de même que les arbres fruitiers, tels que les pommiers, poiriers, pruniers, cerisiers, &c. On profitera

de cet engourdissement où paroît
enseveli le regne végétal , pour lui
préparer tout ce qui peut faciliter
son accroissement & sa propaga-
tion , lorsque la chaleur du soleil
viendra le réveiller au sein de la
terre. Les treillages raccommo-
dés , les couches préparées , les fu-
miers disposés avec art dans les endroits nécessaires , & sur les terreins aquatiques ; les terres amon-
celées , afin de les laisser fermenter
pendant les rigueurs de l'hiver ;
tels sont les travaux auxquels il est
bon de se livrer pendant le mois
de Janvier. Vers la fin de ce mois
ou au commencement du suivant ,
on pourra, à la faveur d'une bonne
exposition, semer de l'oignon. On
le transplantera à la fin d'Avril ,
quand il sera assez fort, & si l'on

a coutume de suivre cette méthode.

FEVRIER.

On peut, de même que dans le mois précédent, planter & tailler. Vers la fin il sera à propos de préparer les couches. Ceux qui pourront faire amplette de cloches ou de paillassons pour garantir du froid & de l'intempérie les graines semées sur ces couches, en feront usage, aussi-tôt après qu'elles auront été déposées dans la terre. Ces graines sont ordinairement celles de melons, de concombres, de raves, de laitue, de cerfeuil & de pourpier. Je conseille à ceux qui peuvent se procurer de pareils secours, de semer leurs melons de

bonne heure , pour les avancer &
en avoir de précoces.

La couche se fait ordinairement
de six à huit pieds de longueur ,
suivant la disposition & l'exposition du terrein. On prend des
petits pots, nommés communé-
ment *pots à basilic*. Ils sont petits
& doivent être fort étroits vers
le fond. C'est dans ces vaisseaux
qu'il faut semer la graine de melons ou de concombres. On les
enterre ensuite dans la couche ,
de façon que chaque cloche puisse
en contenir deux ou trois dans sa
circonférence. Quelque tems
après, lorsqu'on s'apperçoit que la
chaleur de la couche commence
à se perdre , on en fait une autre ,
qui reçoit à son tour les pots & ce
qu'ils renferment. A mesure que
la

la saison s'avance , & que le soleil, demeurant plus long-tems sur
notre horison, échauffe la terre,
il est bon de faire une couche *à
demeure*, sur le fumier de laquelle
vous observerez de mettre de bonne terre. Cette couverture de
terre sera de sept à huit pouces
d'épaisseur sur toute sa surface. On
y fera des trous à une distance de
deux pieds & demi les uns des
autres. Ces trous seront destinés à
recevoir les melons ou les concombres que l'on arrachera faci-
lement des pots, en les renversant
à doigts ouverts.

Lorsque ces plantes commen-
ceront à faire paroître leur tige ,
on aura soin d'en pincer avec les
ongles la sommité. Cette méthode lui donne la facilité de

pouffer des branches ou filets.
On les laiffe croître environ de
la longueur de huit à dix pouces. On pincera les bouts , comme
on l'a fait à la tige principale , afin
que la plante produife du fruit. On
l'arrofera de tems en tems , lorsqu'on s'appercevra qu'elle en aura befoin. Il faut ôter les fauffes
fleurs, qui fe reconnoiffent en ce
que le fruit ne fe forme point. Les
bonnes fleurs font accompagnées
de leur fruit. Dans les beaux jours
il fera à propos de leur donner un
peu d'air, en élevant légerement
la cloche du côté du midi pendant deux ou trois heures au plus.
A mefure que la faifon & les plantes avanceront, on élevera les cloches. Lorfque le volume de la
plante fera trop confidérable pour

être contenu fous le verre, on peut, par le moyen de trois four-chettes plantées en triangle autour du melon, foutenir le vaiffeau au-deffus du fruit. Par ce fimple mé-chanisme, les melons jouiront de l'air néceffaire pour croître & s'é-tendre.

Si l'on eft curieux d'avoir des fruits avant le tems, on peut arro-fer les plants que l'on aura choi-fis pour en donner de précoces. Cet arrofement fe fait avec de l'eau dans laquelle on aura fait fondre un quarteron de falpêtre. On prend une demi-livre de falpê-tre pour une pinte d'eau. Il ne faut l'arrofer avec ce mélange, lorsque c'eft en dernier lieu, que trois ou quatre heures après qu'on l'aura fait avec de l'eau ordi-

naire. Lorsqu'il fait chaud, il faut
éviter de réitérer cet arrosement.
Durant les ardeurs de l'été on mettra du foin sur les cloches pour tenir
les plantes à l'abri des chaleurs.
Lorsque le fruit commencera à
groffir, on le fera pofer fur une petite ardoife ou tuilot, pour le garantir de la pourriture que l'humidité de la terre pourroit occafion-
ner.

A l'égard des concombres, il
n'y a aucun risque de les laiffer
courir & s'étendre librement, pourvu néanmoins qu'elles foient toujours à couvert fous les cloches.

Les plantes que l'on peut femer
dans ce mois, font le celeri, les
pois & les feves : on peut auffi greffer les arbres à noyaux, comme
les cerifiers, châtaigniers, &c.

MARS.

Si l'on n'a pas fait pour les cou_
ches de melons ce que nous venons
de dire dans le mois de Février,
on peut le faire, & suivre la méthode indiquée, pendant le cours
de celui-ci. C'est le tems le plus
favorable pour tailler l'abricotier
& le pêcher. On peut aussi continuer les plantations. Pour ce qui
regarde celle des asperges, si l'on
est curieux de les avoir belles, de
bonne heure & de longue durée,
il faut s'y prendre de la maniere
suivante.

Si le terrein est marécageux &
trop imbibé d'eau, vous faites alors
une tranchée ou planche de quatre pieds de largeur sur deux pieds

& demi de profondeur. Vous cou-
vrirez le fond , à la hauteur d'environ huit pouces , de décombres
de bâtimens, fur lesquels vous met-
trez une couche de bon fumier,
de l'épaiffeur de quatre ou fix pouces: fur le tout une autre couche
de terre , épaiffe de quatre pouces
ou environ. Par ce moyen les eaux
trouveront un écoulement facile
dans les interftices de ces décombres ; & le pied des asperges fe
trouvera à l'abri des effets perni-
cieux de ces eaux raffemblées, qui
gâtent la plante Sur la couche de
terre dont nous venons de parler,
vous planterez vos asperges en
trois rangs, à une diftance de dix-
huit à vingt pouces les uns des
autres. Cette opération faite, on
couvre la plantation de terre, à

la hauteur d'environ trois pouces.
On laisse fermenter la semence,
sans y toucher, jusqu'à l'automne, c'est-à-dire au mois d'Octobre, qui est le tems où il faut observer de couvrir les planches de
fumier long; on les laisse dans cet
état jusqu'au mois de Mars suivant.
On ôte alors le fumier, & l'on
recouvre les asperges d'une enveloppe de terre de l'épaisseur de
deux pouces. On réitere la même
opération tous les ans pendant
trois années consécutives.

Dans les terreins secs, il est inutile de faire usage des débris de
bâtimens. On creusera simplement
la terre sur dix-huit ou vingt pouces de profondeur. Le fond se remplira de fumier, comme dans les
terreins aquatiques. Cette premie-

re couverture sera de six pouces
de haut. Si vous voulez faire plusieurs planches les unes auprès des
autres, il faut laisser un vuide de
deux pieds entre chacune.

En automne on coupe, rase-terre, la tige de l'asperge montée ;
on remet du fumier par dessus ce
qui reste dans le sein de la terre.
Lorsque la saison d'ôter le fumier
sera arrivée, alors, après avoir
découvert votre plant, vous vous
servirez d'une fourche à trois dents,
pour remuer légerement la terre
qui le couvre, & vous remettrez
par dessus trois ou quatre pouces
d'un terreau gras. La troisiéme année vous recommencerez la même
opération, & la fosse se trouvera
remplie. Vous pourrez couper vos
asperges la quatriéme année, mais

pas plutôt. Il faut que les pieds d'asperges ayent deux ou trois ans, lorsqu'on les plante. Si vous avez dessein de faire des carrés d'asperges, vous suivrez la route que nous venons de tracer. On mettra la graine dans la même distance que l'on a observée pour les pieds. Trois ou quatre grains suffiront dans chaque trou. On prendra garde de ne point bêcher les plants les deux premieres années : on ne les couvrira point de terre, on se servira seulement de fumier pour les garantir du froid pendant l'hiver.

En faisant usage de graine pour ensemencer les planches, on fera des rayons, entre lesquels il faut laisser une distance de dix pouces. Dans chaque rayon on observera

d'éloigner la graine , de façon
qu'elle ne se nuise ni ne se mange
point. Par le moyen du fumier on
la garantira des rigueurs de la
froide saison, & on la laissera re-
poser jusqu'à la troisiéme année. Il
faut cette révolution de tems pour
la lever de terre sans danger. J'ai
remarqué que les différentes phases
de la lune influoient sur ces opé-
rations de la nature. En consé-
quence j'ai observé de ne semer
mes légumes que dans le déclin;
mais le croissant me paroît préfé-
rable pour la plantation de l'asperge.

Si dans l'automne ou vers l'avent
on n'a pas planté l'ail , l'échalotte
& la rocambole, on peut le faire
avec succès dans le mois de Mars.

Les plantes réservées pour en

tirer des graines, sont alors tirées des serres & mises dans les jardins. Telles sont la betterave, la carotte, le navet, le panais & les choux de toute espéce.

C'est aussi dans ce mois que l'on commence à préparer les plattes-bandes & autres lieux destinés à recevoir des fleurs vivaces, & d'automne. On plante les jalousies, tant doubles que simples, la campanelle de toute sorte, les coquelourdes, violettes de Mars, doubles croix de Jérusalem, & autres de pareil genre. Il faudra avoir le soin de rafraîchir les anciens pieds en les déracinant, & écartant ce qu'il y a de mauvais ; ensuite on pourra les transplanter sur les plattes-bandes. A la fin de ce même mois il sera à propos de préparer les couches pour les fleurs d'automne, comme giroflée, basilic, rose d'Inde, œillets d'Inde, quarantaine, œillets ordinaire, œillets de poëtes ou de Poitou, œillets de la Chine, piment, ou poivre long, belle-de-nuit, amaranthe, bellezamine, tricolor, les oignons de tubereuse & autres.

Par rapport aux légumes & herbages, comme pois, feves & laitues de toute espéce, ils doivent être plantés dans ce mois.

Il ne faut pas oublier au commencement de Mars de greffer tous les fruits à noyaux, tels que les prunes, les cerises, les abricots, les châtaignes, &c. Avant de greffer, il faut ramasser les greffes dont on veut se servir, & les laisser quelque tems avant l'opé-

ration dans la terre afin de les conferver. Il eft bon qu'il y ait aux
greffes du vieux bois.

S'il eft néceffaire de prendre le
commencement du mois pour greffer les arbres à noyaux, il faut au
contraire attendre la fin pour faire
la même chofe fur tous les arbres
à pepins. Il y a trois façons de
greffer ces fortes d'arbres. La premiere eft *en couronne*. J'en parlerai
en traitant de ce qui doit s'exécuter dans le mois fuivant. La feconde eft *en fente*, & la troifiéme
en pied de biche. La maniere de
greffer en fente eft de tailler la
greffe des deux côtés. Je penfe que
perfonne n'ignore la méthode que
l'on doit fuivre dans ce travail,
c'eft pourquoi je ne m'étendrai pas
beaucoup fur ce fujet.

On doit fe rappeller que c'eft
le tems propre pour femer de l'oignon. Quand il eft mûr, on ré-
ferve les petits oignons pour les
mettre en terre au mois de Mars
fuivant. La tige fe coupe, lorsqu'elle commence à monter. Cette
amputation fait groffir le fruit de
meilleur heure, & il vient bien
plutôt dans fa maturité. On piquera
auffi dans le même tems les écha-
lottes, l'ail & la rocambole, à
moins que le bon tems ne l'ait permis dans le mois précédent. Toutes
les efpéces de choux, tels que
ceux de Milan, les blancs ou pommés, les pancaliers & les choux
verds fe fement très-bien à la fin
de Mars: il en eft autrement des
choux-fleurs; il faut attendre la
fin d'Avril.

AVRIL.

C'EST dans ce mois que s'acheve la taille des arbres. On peut commencer à ensemencer toutes sortes de graines, celles de betterave, de carotte, de scorsonnaire, de cerfeuil & de chicorée sauvage. On peut y joindre toutes les herbes propres pour les salades. Le panais, l'oseille, le cerfeuil, la rave, la ciboule se sement dans ce tems, ainsi que quelques légumes, comme les pois ronds & les feves. Les haricots & les choux-fleurs, ainsi que nous l'avons déjà dit, ne sont mis en terre que vers la fin de ce mois.

Lorsque l'on fait une plantation de choux-fleurs, il faut choisir le

côté du nord. Cette plante eſt
ſujette à une eſpéce de vermine
qui la ronge , & que l'on nomme
Puceron ; par le choix du terrein le plus expoſé au Septentrion ,
on la délivre plutôt de cet inſecte ,
qui demeure moins long-tems dans
les endroits ouverts aux vents
froids & violens du pole arctique.
On la préſerve encore de cet ani-
mal dangereux , & ſouvent meur-
trier , en l'arroſant avec de
l'eau dans laquelle on a delayé
de l'excrément de chien. Ce
moyen eſt ſûr en le réitérant. Les
choux - fleurs que l'on ſeme en
pleine terre viennent mieux &
ſont meilleurs que ceux que l'on
fait venir ſur des couches.

. L'on ſeme auſſi ſur la fin de ce
mois les cardons d'Espagne. Ceux
que

que l'on deftine à être transplantés,
viennent fur des couches : les autres font mis en pleine terre. Pour
ces derniers on fait une tranchée
d'un pied de profondeur fur autant
de largeur. On couvre le fond de
fumier, que l'on bêche enfuite
afin de le mêler avec la terre à laquelle il fert de couverture. Lorsque cela eft fait, on difpofe des
trous à la diftance de deux pieds,
ou environ, l'un de l'autre, pour
recevoir la graine. (Il eft bon d'ob-
ferver qu'il faut laiffer un espace
d'un pied & demi entre chaque
tranchée.) Lorsque les cardons
font grands, de trois grains que
j'on met dans chaque trou, & qui
venant à bien, peuvent produire
trois tiges, on n'en laiffera fubfi-
fter qu'un pied. On aura le foin

d'approcher & d'amonceler de la
terre à la partie inférieure de la
plante, à mesure qu'elle s'élevera ; & jusqu'à ce que la tranchée
soit comblée, il faut continuer de
les chauffer de cette façon jusqu'à
l'automne : alors avec de la paille, on garnira la tête des cardons,
afin qu'ils puissent blanchir.

Dans le courant de ce mois on
peut planter la coloquinte & la
citrouille. Vers le 18 ou le 20 on
peut faire la même chose pour les
melons & les concombres en pleine terre. Ceux qui en auront se-
més en pepiniere, les transplan-
teront, lorsqu'ils seront en état de
souffrir le transport, & les tiendront
éloignés les uns des autres de la
distance de trois pieds. Si c'est leur
graine que l'on veut semer, on

aura soin de n'en déposer que la
quantité de trois ou quatre grains
dans chaque trou , & de n'en laisser
qu'un pied , quand la plante sera
levée & assez forte. Pour tout le
reste de la culture , on suivra ce
que nous avons déjà enseigné en
parlant des plantations par couches. On observera cependant pour
ceux-ci de labourer un peu la terre autour de la plante , & de garnir
le pied avec cette même terre.

M A I.

PARMI les semences que l'on peut
confier à la terre au commencement de ce mois , on compte le haricot , les chicons & le pourpier ,
de même que les autres légumes
& les salades. C'est aussi la saison de
transplanter , lorsque les plantes

auront acquis affez de force & de vigueur. On ébourgeonnera les arbres , de quelque genre qu'ils foient, tant ceux qui font en espaliers qu'en travail. Il faut entendre par *ébourgeonner* , l'action d'ôter de l'arbre le jeune bois qui pouffe devant & derriere , & qui nuit à la propreté & à la forme que vous voulez lui donner. Ces rejettons font inutiles, & ne fervent qu'à altérer le corps de l'arbre. Après l'ébourgeonnement, on pince les pêchers, c'eft-à-dire on coupe le jeune bois de l'année à quatre ou cinq lignes près du vieux, afin qu'il puiffe faire plufieurs branches, & garnir l'arbre par le bas. Cette opération détruit auffi les *gourmands*, ou *branches gourmandes* , qui croiffent de telle maniere

qu'elles abforbent la meilleure partie de l'arbre, & attirent à elles
toute la feve. Cette amputation ne
peut fe faire que jufqu'à la mi-Juin.
Au-delà de ce terme on rifqueroit
d'altérer la *pouffe* du bois, & de la
rendre trop foible & trop grêle.
L'ébourgeonnement au contraire
peut fe continuer toute l'année.

Les drageons, ou pour mieux dire
les œilletons d'artichaux, fe po-
fent en terre à deux pieds les uns
des autres. L'efpace entre chaque
rang eft de quatre pieds. Lorfque
l'on *dédrageonne* cette efpéce de
plante, il faut laiffer à la fouche
deux ou trois drageons, qui formeront autant de pieds. S'ils étoient
tous ôtés, la mere fouche travail-
leroit trop pour le fruit, & trop
peu pour elle-même. Il faut avoir

la précaution de ne point enterrer le cœur des drageons, mais simplement avoir soin de bien serrer la terre vers la racine. Si la chaleur est violente, on pourra les arroser légerement tous les trois ou tous les deux jours. Lorsqu'ils poussent d'une maniere sensible, on cessera l'arrosement ; lorsqu'ils sont en fruit & que les chaleurs sont fortes, on leur donne quelquefois de l'eau, mais en petite quantité. L'artichaut aime la chaleur, & étant naturellement fort gommeux, on auroit à craindre la pourriture, si l'arrosement étoit fréquent & abondant. Si l'eau a quelque chose de dangereux pour les œilletons d'artichaut, l'air peut aussi leur être fort préjudiciable. C'est pourquoi, lorsqu'ils sont

plantés, & que la chaleur, venant
à dessécher les feuilles qui les gar-
nissent, laisse à l'air la liberté de
pénétrer jusqu'à la racine, qu'il
altere beaucoup, il faut, comme
on l'a déjà dit, amonceler & serrer la terre au pied de la souche,
de façon à ne laisser aucun vuide.
Lorsque le fruit est mûr, il est de
nécessité de couper la tige, ra se-
terre, afin qu'elle puisse produire
des drageons. Il ne faut pas attendre pour cela que tous les petits
artichaux qui paroissent, deviennent gros & en maturité; la souche seroit épuisée & ressentiroit un
tort considérable.

Si l'on desire avoir de bonne
heure de l'estragon, il est bon de
le semer dans ce mois. On doit
aussi planter le celeri en pepiniere.
C iv

auront acquis aſſez de force & de vigueur. On ébourgeonnera les ar-bres , de quelque genre qu'ils ſoient, tant ceux qui ſont en eſpa-liers qu'en travail. Il faut entendre par *ébourgeonner* , l'action d'ôter de l'arbre le jeune bois qui pouſſe de-vant & derriere , & qui nuit à la propreté & à la forme que vous voulez lui donner. Ces rejettons ſont inutiles, & ne ſervent qu'à altérer le corps de l'arbre. Après l'ébourgeonnement , on pince les pêchers , c'eſt-à-dire on coupe le jeune bois de l'année à quatre ou cinq lignes près du vieux, afin qu'il puiſſe faire pluſieurs bran-ches , & garnir l'arbre par le bas. Cette opération détruit auſſi les *gourmands* , ou *branches gourman-des* , qui croiſſent de telle maniere

qu'elles abſorbent la meilleure partie de l'arbre, & attirent à elles
toute la ſeve. Cette amputation ne
peut ſe faire que jusqu'à la mi-Juin.
Au-delà de ce terme on risqueroit
d'altérer la *pouſſe* du bois, & de la
rendre trop foible & trop grêle.
L'ébourgeonnement au contraire
peut ſe continuer toute l'année.

Les drageons, ou pour mieux dire
les œilletons d'artichaux, ſe po-
ſent en terre à deux pieds les uns
des autres. L'espace entre chaque
rang eſt de quatre pieds. Lorsque
l'on *dédrageonne* cette espéce de
plante, il faut laiſſer à la ſouche
deux ou trois drageons, qui formeront autant de pieds. S'ils étoient
tous ôtés, la mere ſouche travail-
leroit trop pour le fruit, & trop
peu pour elle-même. Il faut avoir

la précaution de ne point enterrer
le cœur des drageons, mais fim-
plement avoir foin de bien ferrer
la terre vers la racine. Si la chaleur eft violente, on pourra les
arrofer légerement tous les trois
ou tous les deux jours. Lorsqu'ils
pouffent d'une maniere fenfible,
on ceffera l'arrofement ; lorsqu'ils font en fruit & que les chaleurs font fortes, on leur donne
quelquefois de l'eau, mais en petite quantité. L'artichaut aime la
chaleur, & étant naturellement
fort gommeux, on auroit à craindre la pourriture, fi l'arrofement
étoit fréquent & abondant. Si l'eau
a quelque chofe de dangereux pour
les œilletons d'artichaut, l'air peut
auffi leur être fort préjudiciable.
C'eft pourquoi, lorsqu'ils font

plantés, & que la chaleur, venant
à deſſécher les feuilles qui les gar-
niſſent, laiſſe à l'air la liberté de
pénétrer jusqu'à la racine, qu'il
altere beaucoup, il faut, comme
on l'a déjà dit, amonceler & ſer-
rer la terre au pied de la ſouche,
de façon à ne laiſſer aucun vuide.
Lorsque le fruit eſt mûr, il eſt de
néceſſité de couper la tige, ra ſe
terre, afin qu'elle puiſſe produire
des drageons. Il ne faut pas attendre pour cela que tous les petits
artichaux qui paroiſſent, deviennent gros & en maturité; la ſouche ſeroit épuiſée & reſſentiroit un
tort conſidérable.

Si l'on deſire avoir de bonne
heure de l'eſtragon, il eſt bon de
le ſemer dans ce mois. On doit
auſſi planter le celeri en pepiniere.

C iv

Pour parvenir à cette fin, on le transplante, & on laisse entre chaque tige une distance de quatre doigts, afin de lui donner la facilité de prendre du pied.

JUIN.

Les plantes que l'on seroit curieux de conserver pour l'hiver, telles que le cerfeuil, le cresson, la chicorée, les raves, le pourpier, le radis noir, doivent être semées dans ce mois. Toutes les espéces de laitues & autres herbages pour les salades y viennent très-bien. C'est aussi la saison où l'on commence à margotter les œillets, & à faire les tiges de Julienne.

Par rapport aux arbres, il est à

propos d'écuſſonner ceux qui ont
de la ſeve, pourvu que l'écuſſon
ſoit mûr. Il faut de même paliſſer
les pêchers.

Le haricot ſe ſeme ; le choux-
fleur ſe transplante, ainſi que tous
les autres légumes, qui ont beſoin
de l'être, & qui ſont en état d'en
ſupporter l'opération.

JUILLET.

Comme dans le mois précédent,
on continue de ſemer les navets,
de même que les ſalades, comme
chicorée, ſcarole, &c. Les œillets
ſe margottent très-bien, ſoit en
pots, ſoit en pleine terre. Lorſque la ſaiſon de cette eſpéce de
fleurs ſera paſſée, il faut les arroſer fréquemment & abondam-

ment , & les laisser passer l'hiver
sur la couche. Ils en vaudront beaucoup mieux.

Nous devons remarquer encore
ici que , lorsque les arbres peuvent souffrir l'écusson , on peut
continuer cette opération. Il faut
bien prendre garde de ne point
élaguer dans le mois de Février ,
ceux que l'on veut écussonner dans
le courant de l'année. Quand il
le fera, vous pourrez ensuite l'é-
laguer à votre aise, & vous observerez de ne faire les amputa-
tions nécessaires que sept à huit
pouces au-dessus de l'écusson.
Quand vous verrez qu'il aura bien
pris , il faut avoir grand soin de ne
pas laisser sortir de sauvageons au-
dessus de l'écusson. Au printems
suivant , quand l'écusson est pous-

sé, on doit couper, au niveau du pied de sa tige, le sauvageon qui pourroit lui nuire.

A O U S T.

Si l'on n'a pas achevé d'écussonner pendant le mois de Juillet, on peut le faire dans le cours de celui-ci. On palissera les espaliers, & on fera la taille d'été à tous les arbres. Cette taille ne consiste qu'à étêter simplement les arbres. Il faut observer de ne la pas faire trop courte ; on feroit un grand tort au fruit de l'année suivante.

La graine de renoncule & d'anemone se seme dans ce mois. Outre ces deux espéces de fleurs, on fait la même chose pour la plû-

part des herbages dont il a été
parlé dans le mois précédent,
comme les navets, la chicorée,
la ſcarolle ; on peut y joindre les
choux de Milan, blancs & autres, la laitue d'hiver, la mâ-
che, des ſalades de toute eſpéces, des épinards, ainſi que pluſieurs autres. C'eſt le tems propre
pour bêcher les artichaux. L'oignon ſe ſeme auſſi, afin de lui
laiſſer paſſer l'hiver, & de pou-
voir au printems le transplanter.
Par ce moyen on en aura de fort
bonne heure ; il faut penſer ſur-
tout à la graine d'oſeille. On la
met dans des pots ou des terrines
remplies de bonne terre : on la
couvre de ſable fin de l'épaiſſeur
d'un ſol marqué ou environ ; on
l'expoſe enſuite au nord. Elle ſera

un an sans lever. Quand elle commencera à sortir de la terre, on
l'exposera au soleil, & par ce
moyen on s'en procurera de nouvelle espéce.

SEPTEMBRE.

La taille d'été se finit pendant
le mois de Septembre, si on ne
l'a pas achevée pendant celui
d'Août. Le choux pommé se plante
en pepiniere pour lui faire prendre racine. On seme le persil: c'est
le meilleur & celui qui a le plus
de saveur. Il est deux ans sans monter, au lieu que celui qui est se-
mé dans le mois de Mars, monte
au printems suivant. C'est aussi
la saison de planter des fraisiers.
Il faut préférer ceux des bois. Les

fraises blanches sont plus grosses,
mais ne sont pas si délicates. On
peut faire aussi des bordures d'herbes aromatiques, comme thym,
lavande, &c. si on ne les a pas
faites au printems.

OCTOBRE.

CE mois est le plus propre &
le plus avantageux pour la préparation des terres que l'on destine
à recevoir les oignons, les *pattes*
& les *griffes* de toute espéce, les
fleurs vivaces de tout genre. On
plante aussi les herbages à salades
en état de l'être, afin qu'ils soient
bons avant l'hiver. On butte, ou
autrement on chausse le celeri,
les cardons d'Espagne, &c. Les
orangers & les autres plantes, qui

ne doivent pas rester exposées aux rigueurs de l'hiver, se mettent dans des pots ou caisses, afin d'être mises à couvert.

Ceux qui ont dessein de faire des plantations de bois, comme hêtre, chêne, châtaigniers & autres sur des terreins élevés, secs & sablonneux, font dans ce tems-ci les trous où ils doivent mettre ces arbres, afin de laisser *mûrir* la terre. Ces trous se font de trois à quatre pieds en carré sur deux pieds de profondeur. Il faut avoir soin de mettre la bonne terre d'un côté, & la mauvaise de l'autre. Quand on est prêt à planter, on met toute la bonne terre au fond de la fosse. On en réserve ce qu'il faut pour envelopper les racines. Ce n'est que sur la fin de Février que l'on peut planter dans les terreins marécageux & aquatiques. On ne fait les trous qu'à mefure que l'on plante, pour ne pas donner à l'eau le tems de les remplir ; au lieu qu'on attend la fin de Novembre ou le commencement de Décembre pour les terreins fecs.

Si ce font des arbres fruitiers que l'on veuille planter à *plein vent*, comme pommiers, poiriers, &c. on fera les trous comme je viens de l'expliquer ; & on prendra garde fur-tout de ne pas les planter trop bas. Deux ans après ils pourront être greffés, & ils recevront les espéces que l'on jugera être les plus convenables, eu égard au terrein & à la qualité des arbres. Lorfque l'on plante

des

des arbres nains en espaliers ou en buissons, il ne faut pas enterrer la greffe. Car alors elle pousseroit des racines sur le front, ce qui empêcheroit l'arbre de produire du fruit. Si cela arrivoit, il faudroit la couper.

Ce mois nous offre aussi le tems convenable pour faire la recolte des fruits, lorsque des intempéries préjudiciables ne les ont point empêché de parvenir à leur entiere maturité. On ramasse avec soin ceux qui doivent servir de semence pour les plantations, & on les employe dans le tems de l'Avent. Mais comme on risque beaucoup que les animaux n'endommagent ces fruits, quelques-uns, pour prévenir cet inconvénient, les mettent dans leurs gre-

niers, & les gardent pour le mois
de Mars, où il est encore à craindre qu'il ne s'en desséche une
grande quantité. Pour y remédier
on fait usage de quelques vaisseaux, comme feuillettes, barils
ou autres, dans lesquels on met
une couche de glands, de châtaignes, ou autre fruit de pareil
genre, que l'on couvre d'une autre couche de sable fin ou de terre
bien desséchée ; ensuite une seconde de fruits, que l'on enveloppe de même, & l'on remplit
le vaisseau de cette maniere. C'est
le meilleur moyen de garantir le
fruit jusqu'au mois de Mars.

C'est alors, aux premieres approches du printems, que l'on ef-
fectue ces plantations. On fait
avec une pioche un enfoncement

dans la terre de quatre à cinq
pouces de profondeur ; on met
dans chaque trou, que l'on éloigne
à volonté, trois ou quatre grains
de l'espéce que l'on veut faire
croître. Si l'on veut former une
pepiniere, on fait des rangs de
même profondeur, & l'on éloignera les rayons d'un pied de distance. On laissera un sentier de
la largeur de deux pieds, après
chaque quantité de quatre rayons.
C'est de ces pepinieres que l'on
en tire pour planter ailleurs, &
on n'en laisse que ce qu'il faut,
pour qu'ils puissent bien venir.

NOVEMBRE.

. L'ON seme dans ce mois, ainsi
que sur la fin d'Août, les salades
d'hiver, les choux de Milan, les

choux pommés , & autres. A l'é-
gard des fleurs , comme renoncules , anemones , tulipes ,
hyacinthe & les fleurs vivaces ,
elles fe plantent également. Ceux
qui ont beaucoup d'arbres à tailler , peuvent commencer. L'opération de la greffe fe peut auffi
très-bien effectuer ; il faut , en tail-
lant , conferver les greffes où il y
aura du vieux bois , & les mettre
en terre , pour en faire ufage dans
le tems où l'on en aura befoin. Si
dans le mois d'Octobre on a né-
gligé de mettre fur les asperges ,
le fumier le plus long , comme
étant le plus chaud ; on le mettra
dans celui-ci. On commence auffi
à *butter* & à botteler les artichaux.
Avant d'être furpris par le froid ,
on a foin de ramaffer dans la ferre

les racines de betterave, de ca-
rottes, de salsifis, de scorsonnaire, de chicorée, de chicorée sauvage, de scarole, de celeri, de
choux-fleurs & de persil.

Par rapport à la chicorée ; il
y a différentes manieres de la faire blanchir. Plusieurs se servent
d'un tonneau percé dans lequel
ils mettent une couche de sable
ou de terre, & une autre au-dessus de chicorée sauvage, & re-
commencent dans le même or-
dre ; les trous donnent du jour
aux racines & leur servent de pas-
sage. D'autres la mettent dans une
serre auprès de la muraille. Il ran-
gent un lit de chicorée, & par
dessus étendent un autre lit de
terre ; & à chaque rangée ils avan-
cent un peu, & forment comme

une espéce de toît ; il faut avoir
soin d'y laisser un peu de jour ,
autrement la chicorée ne blanchi-
roit pas.

On ne met dans les serres que
les choux-fleurs qui ne sont pas
fort avancés. Lorsque l'hiver est
passé on transplante dans le potager ceux que l'on conserve
pour fournir de la graine. Il ne
faut pas faire la même chose de
ceux qui approchent de leur maturité : on risqueroit de les faire
pourrir. Pour les choux pommés &
ceux de Milan , on les conserve ,
quelqu'avancés qu'ils soient. Il y
a des Pays où ces précautions sont
inutiles. Lorsque les froids ne sont
pas violens , on leur laisse passer
l'hiver dans le jardin.

Les orangers & les autres plantes

qui exigent beaucoup de ména-
gement & une température douce, se placent dans les serres au
commencement de ce mois, à
moins que la crainte du froid n'ait
obligé de le faire à la fin du précédent.

DÉCEMBRE.

La taille des arbres se continue.
Si dans un jardin il y a du terrein
qui ne soit point employé, on le
bêche afin que la terre se forme &
se mûrisse pendant l'hiver : lorsque
ce terrein est trop abondant en
eau, on le bêche en tombe : cette
méthode rend la terre plus légere.
Les vieilles couches se défont ; &
le fumier s'étend sur celles qui ont
en dépot les plants à conserver.

MANIERE

De planter & de dresser les Jardins.

Lorsqu'on destine un terrein pour le jardinage, il faut lui laisser le moins de pente que faire se peut. Les endroits désignés pour y faire les plantations, doivent être creusés d'environ deux pieds de profondeur. Il faut avoir le soin d'en ôter les pierres ; & si l'on pouvoit faire la dépense de faire tamiser cette terre, cela ne seroit que mieux.

Il est bon d'observer de ne pas semer deux années de suite les mêmes légumes dans le même terrein. Celui que vous avez marqué pour recevoir des racines, doit, dès l'année précédente, avoir été couvert de fumier pour l'améliorer & l'engraiſſer. Si vous l'enſemencez auſſi-tôt après y avoir mis le fumier, il ne produira que des racines foibles, grêles & de mauvaiſe acabit. Il en eſt autrement pour les légumes : on peut les ſemer & y mettre auſſi-tôt le fumier. Il n'eſt pas nécesſaire d'entrer dans un plus grand détail à ce ſujet : on peut ſuppléer à ce qui manque par ce qui a déjà été dit ci-deſſus.

Quant au tems le plus avant geux pour enſemencer les terres, il faut faire attention à la ſituation de ſon jardin & à la diſpo

fition du terrein. Les lieux qui
font plus expofés au midi & au
levant font certainement plus à
portée de recevoir plus de chaleur, que ceux qui font au nord
ou au couchant. En conféquence
les plantes qui fe trouvent dans
cette expofition apportent leurs
fruits plutôt que les autres. Il eft
donc à propos de femer quelques
jours plutôt dans les terreins qui
regardent le fud ou l'eft, que
dans ceux qui font à l'oueft ou au
nord. Cette méthode doit être
fuivie dans les pays qui fe trouvent fous le 48 ou 46 degré.

Les plantations fe font ordinairement en haute & baffe tige.
Si la hauteur de la muraille, qui
doit porter neuf ou dix pieds, le
permet, on formera les espaliers

de plants de haute tige, comme pêchers, abricotiers, pruniers, &c. Si l'on ne peut pas l'exécuter en haute tige, on se contentera de la basse, en poiriers, pommiers, &c. Si l'espalier ne se forme que de pêchers, & que le terrein où on veut les planter, soit épuisé, faute d'avoir été renouvellé depuis long-tems, on fait des creux de trois à quatre pieds de longueur, & de deux de profondeur ; on ôte la mauvaise terre, & on la remplace par de la bonne. (Cette précaution est nécessaire pour l'arbre à noyau seulement.) Alors on met les plants de pêchers à quatre pieds ou environ de distance les uns des autres : on prend un espace de six pieds entre chacun des au-

tres arbres. Il eſt bon d'obſerver
de mettre un cep de vigne pour
faire une guirlande au-deſſus de
la tige des arbres, lorsque le mur
a une hauteur ſuffiſante.

Pour le choix de la greffe des
arbres, il faut avoir ſoin que le
poirier que l'on plante en espalier
ou en buiſſon, ſoit ſur coignas-
ſier; le pommier nain ſur para-
dis, & non ſur fichet; le pêcher
ſur le prunier, & non ſur l'amandier. La raiſon en eſt que le fruit
qui vient ſur l'amandier eſt plus
gros, mais moins délicat, parce
que la ſeve de l'amandier eſt fort
huileuſe, & celle du prunier
beaucoup plus vineuſe. Les abricotiers doivent être auſſi ſur les pruniers; les ceriſiers ſur ceux de pa-
reille eſpéce, prenant garde ſeu-

lement à ne point mettre le doux ſur l'aigre, mais de joindre ceux d'une même ſaveur. Si c'eſt en plein vent que vous plantez ces arbres à haute tige, il faut joindre & raſſembler les arbres de même eſpéce, c'eſt-à-dire, pommiers ſur pommiers, poiriers ſur poiriers. Le poirier en effet enté ſur le coignaſſier ne ſe ſoutient pas ſi bien que ſur le poirier même. Quant aux neffles, ſi l'on eſt curieux de la qualité, il faut qu'elles ſoient greffées ſur l'épine blanche ; & ſur le coignaſſier, ſi l'on ne cherche que la beauté.

Nous pouvons ajouter encore ici, en parlant de la ſituation & diſpoſition d'un potager, qu'il faut avoir, comme nous l'avons déjà remarqué plus haut, une

attention particuliere aux endroits les plus propres à recevoir
les influences du soleil. Au midi
toutes les espéces de fruits viennent bien; le pêcher vient mieux
au levant qu'au midi, parce que
la chaleur y est plus modérée;
quelquefois il réussit au couchant,
de même que l'abricotier; mais
ce côté ne leur est jamais aussi
favorable qu'aux poiriers & aux
pruniers.

On ne sera peut-être pas fâché
de trouver ici un catalogue abrégé des principaux arbres fruitiers
qui servent à l'ornement d'un jardin & à l'avantage du Cultivateur.

CATALOGUE

DES ARBRES FRUITIERS

Que l'on plante dans un Jardin.

Les plus belles & les meilleures espéces de Pêches.

LA grosse mignone,
La chevreuse hâtive,
La véritable magdeléne,
La chancelliere,
La bellegarde,
La bourdine,
L'admirable,
Prunion violet,

Le teton de venus,

La chevreuſe tardive,

La nivette,

La royale,

La pourpre tardive;

La perſiquete groſſe;

Le pêcher nain, qu'on met en pots,

La pavie rouge, autrement de Pomponne.

Les Abricots.

Le gros abricot,

L'abricot précoce.

Les Ceriſes.

Le Montmorency de deux eſpéces,

La ceriſe précoce ſe met en eſpalier & y vient bien,

La ceriſe blanche,

Le

Le bigarreau.

La cerise précoce se met en espalier, & y vient bien.

Les Poires.

La grosse blanquette,
La magdeléne,
La cuisse-madame,
La blanquette à longue queuë,
Le rousselet de Rheims,
La grosse rousselette,
Le bouchet,
La mouille-bouche,
Le beurré,
Le Saint-Michel,
Le messirgent, poire d'automne,
Le sucre vert,
La poire de Lansac,
La marquise,
Le bon-chrétien d'hiver,
La louise-bonne,

E

La creſſonne,
Le pied d'hiver,
La bance griſe,
La merveilleuſe d'Espagne;
Le martin-ſec,
La virgouleuſe,
La berize royale,
Le Saint-Germain,
La bezeſſe chanmontée,
La royale d'hiver,
Le colmart,
Le rouſſelet d'hiver,
La bergamote d'Espagne;
Le franc-réal,
Poire à cuire,
La Catalogne,
La double-fleur;
La poire d'une livre.

Les Pommes.

Le calleville d'été,

Le rambour franc,
Le calleville blanc,
Le calleville rouge,
Le senouillet gris,
Le senouillet rouge,
La reinette franche,
La reinette d'Angleterre,
La reinette grise,
La reinette rouge,
La pomme de drap d'or,
La pie,
La pomme sans fleurs.

Les Pruniers.

La reine-claude, ou abricot verd,
La mirabelle,
La dauphine,
La drapée,
Le damas violet,
Le damas blanc,
Le damas rouge,

L'impériale violette ;
La sainte-Catherine,
Le perdrigeon violet ,
La prune abricotée ,
La prune de monsieur.

Raisins.

Chasselas de trois espéces ,
Le cioula ,
Le muscat blanc ,
Le muscat rouge ,
Le muscat noir ,
Le muscat d'Alexandrie.

MANIERE

De dresser les Plates-bandes.

LORSQUE les plattes-bandes sont en plein terrein, elles sont ordinairement de la largeur de quatre pieds ; on leur donne quelquefois cinq à six pieds, lorsqu'elles sont contre les murailles. Il faut laisser toujours une petite allée entre le mur & la plate-bande, afin d'avoir la liberté de soigner les arbres. Si ces arbres sont plantés en éventail, on les éloignera à la distance de dix à douze pieds. S'ils sont en buisson, la distance ne sera que de

six pieds. Il est bon de les entre-
mêler. On fera suivre un pommier par un poirier , & celui-ci
par un groseillier. On en peut
compter de quatre espéces différentes. Les uns rapportent des gro-
seilles rouges ; les autres de blanches ; d'autres de noires, que l'on
nomme *Cassis*.

Les arbres plantés en buisson
sont préférables pour plusieurs
raisons : premierement parce qu'ils
coûtent moins de soin & de dépense ; secondement , parce que
si quelque mauvais vent vient à
gâter l'arbre , il y a plus de res-
source , se trouvant garni de tous
côtés, & par conséquent plus en
état de résister aux assauts que
l'intempérie des saisons pourroit
lui livrer. Quant à ceux qui sont

en éventail, on ménage à la vé-
rité plus de terrein, & l'on peut
enfemencer le vuide qu'ils lais-
fent, mais cet avantage eft bien
peu de chofe en comparaifon des
foins & des dépenfes qu'ils exigent
pour les treillages qu'ils demandent. D'ailleurs, comme je viens
de le dire, il court plus de ris-
ques par rapport aux viciffitudes
dangereufes de l'air. Il eft bon
d'avertir qu'il faut que le pommier & le poirier à haute tige foit
fur front.

DES ORANGERS.

C E genre de plantes deman-
de de grandes précautions. Il
faut d'abord que la terre où
vous voulez dépofer la femence,

soit composée 1°. De deux char-
retées de fumier de vache, bien
pourri : 2°. D'une charretée de
terre franche, & autant de sables
tirés des sablonnieres, & non des
rivieres. (Je ne donne point une
quantité déterminée ; elle doit se
proportionner à l'étendue du terrein que l'on veut employer à
cette plantation. Je ne donne que
les quantités respectives les unes
à l'égard des autres.) On passe
ensuite ces trois matieres sur une
claie, & on les mêle avec soin.
Si vous avez depuis long-tems
des orangers en caisse, vous at-
tendrez, pour les ôter, quelques beaux jours du mois d'A-
vril ; les nouvelles caisses dans
lesquelles vous les transplante-
rez, auront leur fond couvert

de graviers & de décombres
pour laisser à l'eau la liberté de s'écouler. On aura le soin
d'y mettre assez de terre pour
conserver le pied de l'oranger ;
& prendre garde de ne pas le
planter trop bas. On ôtera les
plus petites racines du pied de
l'arbre , & on ne touchera aux
grosses que le moins qu'on pourra. La caisse doit être propor-
tionnée à la grosseur & à la force de l'arbre transplanté. On la
remplira avec cette terre préparée , & on la foulera avec force :
ensuite on arrosera un peu. Il
faut prendre garde de donner à
cette plante un arrosement trop
abondant. La quantité d'eau lui
est plus pernicieuse & la fait périr plutôt , que si elle en man-

quoit tout à fait. Il eſt encore
à obſerver qu'il faut tous les ans
changer *l'orient* de votre caiſſe ,
c'eſt-à-dire , expoſer au midi le
côté qui étoit au nord l'année
précédente. Il n'eſt pas beſoin
pour cela de la changer de place ; il ne faut ſimplement que la
tourner. Si vous vous apperce-
vez qu'un oranger eſt malade ,
ce qui ſe reconnoît quand la
feuille commence à blanchir , il
faut lui retrancher l'eau avec le
plus de ſoin poſſible ; car c'eſt
ordinairement de là qu'il tire ſa
maladie. Lorsqu'on les renferme
dans les ſerres , il faut avant
conſidérer s'ils ſont bien ſecs. La
maniere de les y ranger , eſt de
mettre toujours les plus petits
devant , & les plus grands der-

riere. Il faut éviter de mettre les citronniers près des fenêtres ; cet arbre eſt trop ſenſible aux vents du mois de Mars, & ils lui ſont très-préjudiciables.

Si l'on eſt curieux d'élever des citronniers & des orangers par le moyen de la graine, on formera un mêlange tel que celui dont nous venons de parler : on en remplira des terrines ou des pots, & l'on y dépoſera la graine, après quoi l'on couvrira le tout de bonne terre de l'épaiſſeur d'un doigt. Il faut attendre le mois de Mars pour cette opération. Si l'on a des couches, on y enfouira les pots & la ſemence. Si l'on n'en a pas, il faut différer à les ſemer au mois d'Avril. On ne doit pas oublier d'arroſer, lorsqu'on

verra qu'il sera nécessaire. Lorsque l'oranger sera fort, vous le
changerez de pot, & vous lui
couperez l'extrémité de ses racines. Les pots dont on se sert plus
volontiers pour cela, sont les
pots à Basilic. On les laisse deux
ans sans y toucher. On retire après
ce terme les pieds d'orangers de
ces pots pour les remettre dans
de plus grands. On exécute cette
transmigration en tournant seulement le pot sans dessus dessous;
la terre reste attachée aux racines, & la plante ne souffre aucun mal. L'arbre reste dans cette derniere demeure pendant un
ou deux ans, après quoi on l'é-
cussonne, quand il est en état de
l'être. Il faut absolument du vieux
bois pour l'écussonner.

La *fourmi* est un insecte fort dangereux pour l'oranger. Il y en a de deux espéces ; la voisine & la domestique. La premiere vient du voisinage , & la seconde a sa fourmiliere dans la caisse même. Non seulement ces animaux détruisent & mangent les fleurs , mais encore attaquent & rongent les racines. L'expédient le plus prompt pour remédier à cet inconvénient , est de déraciner l'arbre , de tremper la racine & la terre qui y tient dans l'eau ; par ce moyen les fourmis sont noyées. On le remet ensuite dans sa caisse , autour du corps de laquelle on entrelace de la laine , ce qui les empêche d'y monter. Elles sont aussi souvent incommodes & nuisibles aux

espaliers. C'est ordinairement vers
la S. Jean qu'elles se mettent au soleil par pelotons le long des murailles garnies d'arbres fruitiers. Il
faut alors remplir un arrosoir d'eau
bouillante, & échauder toutes celles qui tombent sous la vue; si l'on
ne vient pas à bout de les détrui-
re entiérement, on en détruit au
moins une grande quantité.

OBSERVATIONS

Sur la taille des Arbres.

POUR parvenir à bien tailler, il faut diftinguer quatre fortes de bois. Le premier eft celui qui forme l'arbre dans fa totalité, & qui, confidéré comme tel, en fort de tous côtés, qui fait les branches, & s'offre à la vue fous cette image riante qui récrée les yeux. Dans cette maffe abfolue on en foudivife trois autres efpéces, dont la premiere eft le bois à fruit; la feconde eft celui que l'on connoît fous le nom de *gourmand,* qui n'eft autre chofe que ce bois inutile qui emporte le plus de

nourriture, & la troisiéme enfin
est le jet sur lequel se nourrit le
bois à fruit, qui se connoît par
les yeux ; ils sont plus gros &
moins pointus que les autres. Le
gourmand est un bois franc, clair
& plus gros qu'aucun de ceux qui
ont poussé dans l'année. Ses yeux
sont aussi plus éloignés que ceux
des autres branches. C'est sur cette derniere espéce qu'il faut faire
passer le tranchant du fer, au niveau de la tige principale sur
laquelle elle a pris sa croissance,
à moins qu'il ne s'y trouve un
trop grand vuide. Lorsque l'on
craint la défectuosité de ce vuide,
il faut ne le couper qu'à quatre
ou cinq doigts de sa sortie, afin
de remplir cet espace qui don-
neroit à l'arbre un air de nudité
tout

tout à fait desagréable. La vue de la figure 1. donnera une idée de ce que je dis. Les branches marquées *b*, *b*, *b*, font autant de branches gourmandes.

Quand on fait la taille des ar- bres, il eſt bon d'obſerver de la faire courte, c'eſt-à-dire d'envi- ron quatre doigts de longueur. Il faut ſur-tout éviter de mettre toutes les branches au niveau les unes des autres, mais les tailler alternativement plus longues & plus courtes. L'arbre ſe trouvera alors auſſi garni en dedans qu'au dehors. La figure 1. préſente un arbre taillé ſuivant l'art, mais pas aſſez garni de branches à fruit. Les gourmands, déſignés *b*, *b*, *b*, rempliſſent, comme je l'ai dit, le trop grand intervalle que laiſ-

F

feroient les branches fructiferes.
Ces branches paroiſſent terminées
par une eſpéce de petit cercle
& par la lettre *a*, & les autres
ne donnent que la coupe ordinaire.

Quand je recommande la taille
courte, c'eſt que je ſuis perſuadé
qu'elle vaut beaucoup mieux.
Pour s'en convaincre, il n'y a
qu'à jetter les yeux ſur la *figure*
2. qui eſt un arbre de l'âge de
huit ans, tandis que celui de la
figure 1. en a vingt. Le premier
de ces arbres ſe trouve plus haut
& plus grand que le ſecond. La
taille longue en eſt la cauſe. La
ſeve ayant toujours monté vers
le haut, il ſe trouve dégarni par
le bas, ce qui oblige de le mettre au bois neuf, (*fig.* 3.) Cette

opération eſt bien ſujette & exige
de très-grandes précautions. Les
mauvais tems, les gelées peuvent
être contraires à l'arbre ainſi taillé : les pluies, la neige fondue
pénetrent dans ſes plaies, & l'endommagent conſidérablement.
Pour prévenir ces accidens, on
mêle de la terre franche & de l'excrément de vache, que l'on applique ſur toutes les plaies de l'arbre mis au bois neuf. Il faut réitérer ſouvent ce mêlange, parce
que, ou la ſéchereſſe fait tomber cette eſpéce de maſtic, ou la
pluie le diſſout & le fond.

Un moyen plus ſûr & plus ef-
ficace pour préſerver les ſciſſions
de l'arbre du mal que lui cauſe-
roient infailliblement les intempéries, eſt une ſorte d'emplâtre

F ij

de cire, que l'on met sur les coupures. Elle dure très-long-tems sur l'arbre & aide beaucoup à le conserver. Je la prépare de la maniere suivante.

Je prends une once de cire jaune, environ une once de résine, & six onces de thérébentine; je broye le tout ensemble; je le mets ensuite dans un pot neuf, & je le fais fondre sur un réchaud. Je remue la matiere avec un morceau de bois, jusqu'à ce qu'elle soit bien fondue & mêlée. Aussi-tôt qu'elle commence à monter, je la jette dans un sceau d'eau fraîche, & je pétris cette composition à volonté. Lorsqu'on l'employe, on a le soin d'avoir une éponge imbibée, sur laquelle on hume-cte de tems en tems ses doigts, afin que cette sorte d'onguent ne s'y attache pas. Plusieurs ont parlé de cette préparation & y font entrer du suif. Ils ne font pas sans doute attention que le suif est très-préjudiciable aux arbres. La cire ainsi préparée & mélangée suffit, &, en s'en servant, on peut tailler en toute saison les plus grosses branches. Cette amplâtre les met à couvert de tout danger.

Revenons à la maniere de tailler. Il ne faut jamais le faire en *fourche*, mais laisser toujours, comme nous l'avons déjà enseigné, une branche plus longue que l'autre. En les palissant, il ne faut point que les branches s'entrecroisent, (*a*, *a*, *a*,) parce qu'ainsi elles se nuisent & se man-

gent. Il faut auffi éviter de faire
retourner des branches vers le
corps (*b* , *b* , *b* ,) pour remplir
des vuides. Ces deux défectuofités
fe peuvent voir à l'inspection de
la figure 2.

L'arbre repréfenté par la figure 4. paroît beau & bien taillé,
mais il ne faut point en attendre
de fruit. La raifon en eft qu'à la
jonction de la greffe avec le fau-
vageon, fe formeront des racines
(*a* , *b*.) Ces racines fourniront
une abondance de feve, qui em-
pêchera la production du fruit.
Pour lui en faire produire , il
faudroit le retailler , ce qui don-
neroit à l'arbre une forme hideufe
& desagréable. Cet arbre ne
pouffe des racines au bourlet ou
jonction du tronc avec la greffe

que parce qu'elle se trouve en-
terrée ; ce que l'on peut voir
dans la figure par le trait ponctué
qui désigne la superficie de la
plate-bande.

Il est bon de visiter les arbres
qui paroissent verds & se bien
porter, mais qui ne rapportent
point de fruits. Cela peut venir
de la cause que nous venons de
d'avancer, & alors il faudra couper les racines qui se trouveront
être prises au dessus de la partie
qu'elles doivent naturellement
occuper.

Il y en a encore d'autres qui
ne gardent point leur fruit jusqu'à leur entiere maturité. Cela
vient le plus souvent d'une seve
trop abondante. Il faut fouiller
en terre, & couper, suivant la

quantité de ses racines, des lon-
gueurs de huit ou dix pouces sur
trois ou quatre des plus fortes. La
seve alors montera moins abondamment, & le fruit viendra dans
sa perfection, tant pour le goût que
pour la beauté. Cette opération se
peut faire depuis le mois de Novembre jusqu'à celui de Février.

Il résulte donc de tout ce que
nous venons de dire, que pour
avoir un arbre taillé suivant les
règles de l'art, il faut, (*fig.* 5.)
1°. que le tronc soit toujours
assez élevé au dessus de la terre,
pour qu'il ne puisse former, en
s'étendant de nouvelles racines ;
2°. que les branches, alternativement longues & courtes, lais-
sent entr'elles un espace à peu
près égal, afin que les rejettons

ayent la liberté de s'étendre en tout sens, & ne se nuisent point.

On suit la même marche pour la taille des pêchers que pour les autres arbres, excepté qu'il faut la faire courte. Cette espece ne se met point au bois neuf. Plusieurs ont l'habitude de ne tailler que fort tard les pêchers & les abricotiers. Selon moi, il faudroit les tailler avant qu'ils fleurissent, surtout les abricotiers, dont la fleur tient moins, & risque de tomber dans l'ébranlement & les secousses de la taille. Pour mettre ces fleurs à l'abri du mauvais tems, il y en a qui font usage de paillassons. En suivant cette méthode, on est en danger de tout perdre par deux raisons. 1º. Si on manque une fois de les mettre ;

il n'y a rien à espérer ; 2°. ces
fleurs, toujours couvertes, deviennent fi tendres, qu'elles ne
peuvent fupporter la vivacité de
l'air, lorsque l'on vient à ôter
les paillaffons, & deviennent in-
fructueufes. Pour obvier aux in-
convéniens qui peuvent réfulter
des intempéries de la faifon, je
fuis une autre méthode. J'ai coutume d'entrelacer entre les branches & le treillage du foin long,
& je le laiffe jusqu'à ce que le fruit
foit de la groffeur d'un œuf de pi-
geon. Je l'ôte alors, non pas tout
de fuite, mais peu à peu ; c'eft-à-
dire un peu un jour & un peu l'autre, jusqu'à ce que le tout foit ôté.
De cette façon le fruit ne fe trouve
pas dégarni fubitement, & fe fami-
liarife infenfiblement avec l'air.

Il faut bêcher ces arbres dès qu'ils sont taillés. Si l'on retarde cette opération, il y a lieu de craindre que la faisant pendant les grandes chaleurs, on ne donne du jour aux racines, que l'air ne s'y introduise, ne les desseche, & ne fasse tomber le fruit. Lorsqu'on est obligé de différer, il faut avoir un soin particulier de ne point trop enfoncer la bêche, afin de ménager les racines, & d'arroser aussi-tôt après.

Lorsque l'on veut garantir les corps des arbres de haute tige des ardeurs du soleil, il est bon de les garnir de paille longue, l'épi en en-bas; & quand les chaleurs deviennent trop violentes, on jette de l'eau par en haut: ce moyen conserve une douce fraî-

cheur à l'écorce , & l'arrose en
même tems. Il y en a qui se contentent de mettre des planches
au devant, ou des écorces de bois
dont ils emboëtent le corps de
l'arbre. Pour moi, je me suis toujours bien trouvé de l'usage de
la paille & de l'eau ; c'est pourquoi je le conseille préférable-
ment à tout autre. Il ne faut
pas omettre, je le répete, d'arroser les arbres nouvellement
plantés ou taillés.

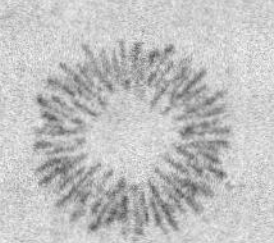

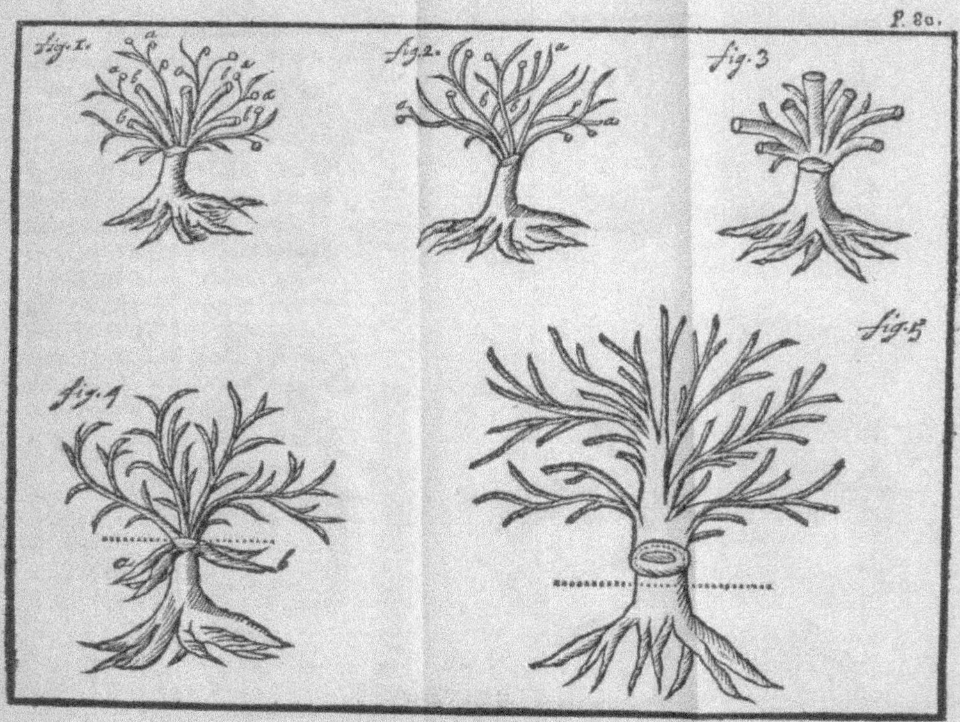

fig. I.
fig. 2.
fig. 3
fig. 4
fig. 5

TRAITÉ DES FLEURS.
De la Jonquille.

CET oignon fe plante dans le mois de Septembre. Il lui faut un terrein fort humide. Si votre fol n'a pas cette qualité, vous arrofe- rez & imbiberez abondamment les endroits où vous voulez le planter. Vous les foulerez aux pieds, afin de leur donner une confiftance plus ferme. Les oignons fe mettent à une diftance de fix à huit pouces l'un de l'autre. Lorsque le tems de la fleur eft paffé, on coupe le jonc à trois ou quatre doigts de terre. Il y en a qui les plantent dans des écailles d'huitres, qu'ils couvrent d'une ardoife ou d'une tuile, avec

un peu de terreau par dessus. Si
l'on fait des trous pour les mettre, on leur donne toujours trois
doigts ou environ de profondeur. Dans les terreins lourds
on ne met rien dessous ; & on
ne couvre l'oignon que de deux
doigts de terre. On le laisse ainsi
pendant trois ans ; on l'arrache
ensuite, on le fait sécher à l'ombre, de crainte que le soleil ne
les dessèche trop ; & après une
révolution de trois années, on
peut recommencer à s'en servir en suivant la même méthode.

De la Tulipe.

On met cet oignon en terre
dans le mois d'Octobre ou de Novembre. Afin de le ménager, on
laisse entre deux une espace de

cinq à six doigts : on forme un
rayon de trois pouces de profondeur dans lequel on l'enfouit,
& on le couvre ensuite de terre.
Les uns le plantent avec le plan-
tin ; il faut pour cela qu'il soit
rond, pour ne pas laisser de vuide entre la racine & la terre ;
d'autres se contentent simplement
de faire un trou avec l'oignon.
Cet usage ne vaut rien : une
pierre dure ou du cailloutage
peut l'écorcher. D'ailleurs la
pression des doigts l'écrase, &
peut le faire pourrir l'hiver, ou
tout au moins de l'empêcher de
bien fleurir. Ceux qui sont curieux de la conservation de ces
fleurs, peuvent, par le moyen
d'un parasol, les mettre à l'abri
des ardeurs du soleil, des injures

de l'air & des incommodités de
de la pluie. Lorsque la fleur se
passe, ce qui arrive ordinairement vers la Saint Jean, on se
comporte, à son égard, comme
on fait pour la jonquille : la tige
se coupe à deux ou trois doigts
de terre; l'oignon est ôté & sé-
ché. Quand on veut avoir de la
graine, on laisse quelques oignons
qui ne sont point coupés, afin de
les laisser mûrir.

De l'*Hyacinthe* ou *Porcelaine.*

ELLE se plante dans le même
tems que la tulipe, & la façon
de la cultiver est la même. Les
narcisses, & toutes les autres espéces d'oignons, excepté la tubereuse & le lis blanc, exigent
les mêmes soins & la même méthode

Des

Des Renoncules & des Anemones.

LORSQU'ON en a une grande quantité, on en fait trois parts. La premiere se plantera à la fin d'Octobre, la seconde à la fin de Février; & la troisiéme se garde pour l'année suivante. Lorsqu'on n'en a pas beaucoup, on les plante à la fin de l'hiver, c'est-à-dire au commencement de Mars. Les gelées, les neiges & les autres intempéries de la saison ne les feront point périr. Il est bon de remarquer encore que les renoncules & les anemones qui sont plantées dans l'automne, si elles peuvent passer l'hiver, sont beaucoup plus belles que celles que l'on plante au printems. Pour cela il faut prendre la précaution

de les mettre dans des pots, &
de les serrer aux approches de
la mauvaise saison, pendant laquelle on ne leur fera prendre
l'air, que lorsque le tems sera
assez beau & assez doux pour le
permettre. On sera alors assuré
d'en avoir de très-belles & de
bonne heure.

Pour la maniere commune de
les planter, il faut faire sur une
planche des rayons de sept à huit
pouces de distance. On y enterre
ensuite les pieds des renoncules,
& on les éloigne les uns des
autres de six à sept pouces. On met
entre celles qui sont fortes & qui
promettent de fleurir, celles qui
sont foibles & trop petites pour
donner des fleurs pendant l'année. Il est nécessaire, pour les

conserver pendant l'hiver, de les couvrir légerement de fumier bien pourri. Pendant les grandes chaleurs, on les arrose de tems en tems. Les semi-doubles, qui sont celles qui donnent la graine, sont mûres vers la Saint Jean ou environ : c'est le tems propre pour les cueillir. Ceux qui ne veulent point en semer, coupent la tige à un pouce de terre, lorsque la fleur est passée. Il est bon cependant, pour peu que l'on aime cette fleur, d'en garder toujours quelques-unes, soit pour en avoir de l'espece nouvelle, soit pour remplacer les vieilles.

Quant à la graine, le tems de l'ensemencer est la fin de Juillet ou le commencement d'Août. On remplit des terrines ou caisses de bonne terre à un pouce près du bord. La graine se seme dessus, & on la couvre d'un lit de terre au moins aussi bonne que la premiere, & passée au tamis. Ce lit doit être de l'épaisseur d'un écu. On tient le vaisseau à l'ombre, on l'arrose de tems en tems, afin que la plante se ressente toujours d'une douce fraîcheur. Lorsque les renoncules ou les anemones commencent à sortir de terre, on les expose au soleil jusqu'au tems des frimats ; on les resserre alors jusqu'au printems, où on les remet de nouveau au grand air, en les arrosant par intervalle. Lorsque les feuilles tombent, on cesse l'arrosement; la plante se conserve pour l'automne ou pour le mois de Mars suivant.

Des Fleurs d'automne.

ELLES fe fement fur une couche au mois de Mars, deux ou trois jours avant la pleine lune; il y en a qui attendent l'équinoxe. On met au nombre des fleurs d'automne la giroflée, la quarantaine, les œillets de la Chine & d'Indes: de même que les rofes d'Indes, l'amaranthe, le tricolor, la balfamine, le bafilic de toute efpéce, les marguerites-reines, & autres fleurs. La même couche peut recevoir les oignons de tubereufe. Les uns les mettent en pleine terre, les autres dans de petits pots à bafilic. Lorfque ces plantes font en état d'être reportées en d'autres lieux, on renverfe le pot, & on les met où l'on veut. Le tems propre pour les changer eſt vers la Saint Jean. Ces fleurs viennent prendre la place des tulipes, des renoncules, des anemones, dont l'éclat eſt paſſé.

Il eſt à propos d'obſerver que cette méthode de ſemer les fleurs d'automne dans la pleine lune de Mars, ne doit être ſuivie que par ceux qui ont des cloches ou verreries. Lorſque ce ſecours manque, il eſt bon de différer jusqu'au commencement d'Avril.

Des Fleurs vivaces.

On les transplante ordinairement dans le mois d'Octobre, afin que les racines puiſſent prendre & pouſſer avant l'hiver, & que par ce moyen elles ayent plus

de force & de vigueur pour ré-
fifter aux froids.

Les principales espéces font
la coquelourde, la croix de Jé-
rufalem, la julienne, la jaloufie,
les marguerites, la fcabieufe, les
oignons de lis blancs, la printa-
niere épatique, boutons d'or,
boutons d'argent, œillets de la
Chine, œillets de plumes, la
mignardife, & quelques autres.

Si vous avez de bonnes mar-
gottes, vous les féparerez alors
de la fouche, & vous les trans-
planterez; finon il faudra féparer
les fouches, comme les autres
plantes dont nous avons parlé
ci-deffus. Les œillets femés fur
la couche fe transplantent auffi
dans le même tems, lorsqu'ils
font affez forts; mais il ne faut

espérer de fleurs que la seconde
année. Quand les fleurs de julienne cessent, on coupe les tiges
rase-terre; on leur rogne la tête,
de façon que les boutures ayent
sept à huit pouces environ de
longueur. Cette bouture trans-
plantée ne doit avoir hors terre
qu'un pouce, ou à peu près. Elles
demandent d'être à l'ombre, &
arrosées de tems en tems.

Les giroflées, autrement appel-
lées *violier* dans les Pays-Bas,
sont de fort jolies fleurs, & d'une
odeur très-suave ; mais d'une
quantité considérable de graine.
On est souvent sans en retirer de
double, la graine étant de mauvaise qualité. Le véritable moyen
d'en avoir de bonne, est d'écussonner une simple sur une double.

On coupe la tête de cette derniere, afin que la qualité géné-
rative se transmette à la simple.
C'est la route la plus sure pour
en avoir beaucoup de double &
de différente couleur.

OBSERVATIONS

Sur la maniere de conserver les fruits.

POUR garder long-tems des
fruits pendant l'hiver, il faut choisir, pour les cueillir un jour se-
rein & sec, les mettre ensuite
dans une boëte, telle que l'on
veut; le fond de la boëte se couvre de paille d'avoine, de l'épaisseur d'environ deux pouces : vous
arrangez les fruits, & vous remet-

tez par-deſſus une ſeconde couche de paille d'avoine ; le cou-
vercle de la boëte tiendra le tout
bien clos & enfermé. Le fruit de-
ſtiné à être gardé de cette maniere , aura , avant d'être renfer-
mé , paſſé une quinzaine de jours
ſur de la paille bien ſeche , afin
de lui laiſſer jetter ſon humidité ;
& on ne le mettra dans la boëte ,
qu'après avoir été eſſuyé avec ſoin.

Il faut choiſir de même pour le
raiſin , un jour ſerein & un après-
midi. On évitera de prendre les
grappes les plus garnies en grains ,
& l'on coupera le bois le plus long
que faire ſe peut. S'il eſt poſſible ,
ſans riſquer d'endommager la vigne , de laiſſer du vieux bois , cela
ne vaudra que mieux. Auſſi-tôt qu'il
eſt coupé , on met ſur l'endroit de

l'incision gros comme une lentille de cire molle, préparée avec de l'huile d'olive fondue. Ces grappes s'attachent ensuite au plancher. Il faut avoir soin qu'elles ne se touchent pas. Comme le muscat est le mieux garni en grains, & qu'il est par conséquent plus difficile à garder, étant plus sujet à se pourrir, il sera bon, dans le tems qu'il sort de la fleur & que le grain commence à se former, d'éclaircir un peu celui que l'on voudra garder : étant moins épais, il se conservera plus aisément.

Telles sont les observations abregées que j'ai cru devoir donner sur la culture des jardins. Un ouvrage plus étendu demanderoit sans doute plus de sçavoir, & pourroit peut-être ennuyer. Des traités qui vous feroient entierement étrangers, pourroient faire naître mille difficultés dans l'esprit, & furement beaucoup de dégoût. J'ai cherché à me rendre court, & en même tems à m'étendre affez pour fatisfaire un homme qui aime le jardinage. Puiffent mes remarques être de quelque utilité, & plaire aux amateurs des travaux de la campagne. Je m'eftimerai heureux, fi elles peuvent me mériter leur fuffrage, qui fait le feul objet de mes defirs.

F I N.

TABLE

DES MATIERES.

PRIVILEGE DU ROI.

LOUIS, PAR LA GRACE DE DIEU, ROI DE FRANCE ET DE NAVARRE : A nos amés & féaux Conseillers, les gens tenans nos Cours de Parlement, Maîtres des Requêtes ordinaires de notre Hôtel, Grand Conseil, Prevôt de Paris, Baillifs, Sénéchaux, leurs Lieutenans-Civils & autres, nos Justiciers qu'il appartiendra : SALUT, notre amé le sieur JEAN-GEORGES WENCKELER Nous a fait exposer qu'il desireroit faire imprimer & donner au Public *une Instruction pour la culture des Jardins, contenant le travail qui s'y fait pendant l'année, de sa composition;* s'il Nous plaisoit lui accorder nos Lettres de Privilége pour ce nécessaires. A CES CAUSES, voulant favorablement traiter l'Exposant, Nous lui avons permis & permettons par ces Présentes, de faire imprimer ledit ouvrage autant de fois que bon lui semblera, & de le vendre, faire vendre & débiter par tout notre Royaume pendant le tems de six années consécutives, à compter du jour de la date des Présentes. FAISONS défenses à tous Imprimeurs, Libraires, & autres personnes, de quelque qualité & condition qu'elles soient, d'en introduire d'impression étrangere dans aucun lieu de notre obéissance : comme aussi d'imprimer, ou faire imprimer, vendre, faire vendre, débiter, ni contrefaire ledit ouvrage, ni d'en faire aucun extrait sous quelque prétexte que ce puisse être,

fans la permiffion expreffe & par écrit dudit Expofant, ou de ceux qui auront droit de lui, à peine
de confiscation des Exemplaires contrefaits, de
trois mille livres d'amende contre chacun des con-
trevenans, dont un tiers à Nous, un tiers à l'Hô-
tel-Dieu de Paris, & l'autre tiers audit Expofant,
ou à celui qui aura droit de lui, & de tous dépens,
dommages & intérêts, à la charge que ces Préfentes feront enregiftrées tout au long fur le regiftre
de la Communauté des Imprimeurs & Libraires de
Paris, dans trois mois de la date d'icelles ; que
l'impreffion dudit ouvrage fera faite dans notre
Royaume & non ailleurs, en beau papier & beaux
caracteres, conformément aux Réglemens de la
Librairie, & notamment à celui du dix Avril mil
fept cent vingt-cinq, à peine de déchéance du pré-
fent Privilége ; qu'avant de l'expofer en vente, le
manuscrit qui aura fervi de copie à l'impreffion
dudit ouvrage, fera remis dans le même état où
l'approbation y aura été donnée, ès mains de
notre très-cher & féal Chevalier, Chancelier de
France, le fieur de LAMOIGNON, & qu'il en fera
enfuite remis deux Exemplaires dans notre Biblio-
theque publique, un dans celle de notre Château
du Louvre, un dans celle de notredit fieur de LA-
MOIGNON, & un dans celle de notre très-cher &
féal Chevalier, Vice-Chancelier & garde des
Sceaux de France, le fieur de MAUPEOU : le tout
à peine de nullité des Préfentes ; du contenu def-
quelles VOUS MANDONS & enjoignons de faire jouir
ledit Expofant & fes ayans caufes, pleinement &
paifiblement, fans fouffrir qu'il leur foit fait aucun trouble ou empêchement. VOULONS que la
copie des Préfentes qui fera imprimée tout au
long, au commencement ou à la fin dudit ouvrage,
foit tenue pour duement fignifiée, & qu'aux co-
pies collationnées par l'un de nos amés & féaux
Confeillers, Secrétaires, foi foit ajoutée comme à

l'original. COMMANDONS au premier notre Huissier ou Sergent sur ce requis, de faire pour l'exécution d'icelles, tous actes requis & nécessaires, sans demander autre permission, & nonobstant clameur de haro, charte Normande, & lettres à ce contraires; car tel est notre plaisir. Donné à Paris le vingt-quatriéme jour du mois de Juin l'an de grace mil sept cent soixante sept, & de notre regne le cinquante-deuxiéme. Par le Roi en son Conseil. *Signé*, LEBEGUE.

Régistré sur le Régistre XVII. de la Chambre Royale & Syndicale des Libraires & Imprimeurs de Paris n°. 1477. fol. 239. conformément au reglement de 1723. qui fait défenses, art. 41. à toutes personnes, de quelque qualité & condition qu'elles soient, autres que les Libraires & Imprimeurs, de vendre, débiter, faire afficher aucuns livres pour les vendre en leurs noms, soit qu'ils s'en disent les Auteurs ou autrement, & à la charge de fournir à la susdite Chambre neuf Exemplaires prescrits par l'art. 108. du même reglement. A Paris, ce 3. Juillet 1767. *Signé*, GANEAU, Syndic.

JE soussigné JEAN-GEORGES WENCKELER, cede & abandonne pour toujours à M. LE MERCIER, Imprimeur-Libraire à Paris, mon manuscrit, qui a pour titre : *Instructions pour la culture des Jardins, contenant le travail qui s'y fait pendant l'année*, & droit de Privilége de six années qui m'a été accordé pour l'impression de cet ouvrage, suivant les conventions faites entre nous. A Villeneuve le Roy, ce 24. Septembre 1767. *Signé*, EQUER.

Régistré la présente Cession sur le registre XVII. de la Communauté Royale & Syndicale des Libraires & Imprimeurs de Paris, n°. 239. conformément aux anciens réglemens, confirmés par celui du 28. Février 1723. A Paris, ce 2. Octobre 1767. *Signé*, GANEAU, Syndic.

www.ingramcontent.com/pod-product-compliance
Ingram Content Group UK Ltd.
Pitfield, Milton Keynes, MK11 3LW, UK
UKHW022037170726
13837UKWH00002B/645